水泥制品基础知识
管桩、管片、电杆

主 编 李 论　　主 审 严志隆

中山大学出版社
SUN YAT-SEN UNIVERSITY PRESS

·广州·

图书在版编目（CIP）数据

水泥制品基础知识：管桩、管片、电杆 /李论主编. —广州：中山大学出版社，2021.1

ISBN 978 – 7 – 306 – 07133 – 0

Ⅰ. ①水…　Ⅱ. ①李…　Ⅲ. ①混凝土管桩　Ⅳ. ①TU473.1

中国版本图书馆 CIP 数据核字（2021）第 026063 号

SHUINI ZHIPIN JICHU ZHISHI　GUANZHUANG GUANPIAN DIANGAN

出 版 人：王天琪
策划编辑：曾育林
责任编辑：曾育林
封面设计：曾　斌
责任校对：唐善军
责任技编：何雅涛
出版发行：中山大学出版社
电　　话：编辑部 020 – 84111996，84113349，84111997，84110779
　　　　　发行部 020 – 84111998，84111981，84111160
地　　址：广州市新港西路 135 号
邮　　编：510275　传　　真：020 – 84036565
网　　址：http：//www. zsup. com. cn　E-mail：zdcbs@ mail. sysu. edu. cn
印 刷 者：广州市友盛彩印有限公司
规　　格：787mm×1092mm　1/16　4.75 印张　100 千字
版次印次：2021 年 1 月第 1 版　2021 年 1 月第 1 次印刷
定　　价：28.00 元

序

　　我国是世界混凝土管桩产量第一大国，管桩的技术进步与行业发展有力地支撑了我国基础建设高速发展的需要。近几年，在环保要求日益提高及人口红利不断消失的背景下，发展装配式建筑成为行业的共识，水泥制品行业迎来新一轮大发展的契机。作为传统水泥制品行业的重要产品，预制管桩也迎来了新的发展机遇，而智能化、绿色化将成为驱动行业发展的新动能。

　　目前，国内关于管桩的相关书籍已经出版了不少，本书与其他书相比有两个显著的特点：

　　首先，本书应用性更强，本书对常见实际质量问题和施工注意事项进行了系统总结，这对于新进入行业的工程技术人员非常具有参考价值。

　　其次，本书兼具理论性与应用性，这得益于作者李论先生近三十年的行业经历，凝结了他在生产技术管理、产品研发和客户服务等多个方面的经验和心得。

　　相信本书可以为全国管桩行业从业人员或想了解管桩行业的工程技术人员所借鉴，这对促进行业健康发展具有重要意义。

　　在本书付梓之际，应邀作序，谨此表达我对本书出版的赞赏与支持。

2020 年 11 月 4 日

前　　言

水泥制品产品分类广泛，形式多种多样。常见的有基建常用的预制混凝土桩，电力系统的预制混凝土电杆，市政工程系统的上水管和下水道管，交通系统的隧道涵洞及盾构地铁管片，以及装配式预制构件等。其中，水泥管、电线杆属传统制品，装配式预制构件属新近流行起来的新产品。混凝土桩，包括预制实心方桩、离心空心方桩、预应力高强混凝土管桩等多种类型。对于工厂式预制品来讲，管桩生产混凝土方量最多，外加剂使用量最大。

本书重点讲解预应力高强混凝土管桩的生产与应用，介绍管桩生产工艺及常见质量问题以及管桩使用施工过程应注意事项，可促进外加剂技术服务人员与管桩客户总工良好沟通，从而实现外加剂企业增值服务，对外加剂调整方向、优化客户配方具有指导意义。

本书也介绍了盾构地铁管片生产工艺流程，技术服务人员可以了解客户需求，确定外加剂主攻方向。混凝土电杆比较传统，普遍用于电力系统工程，生产工艺类似于管桩，品种多样，本书也做了简要介绍。装配式预制构件的诞生与发展，主要是满足城市绿色建筑施工要求，近几年发展迅猛，但由于行业标准不统一和滞后，影响了其广泛使用，还需要后期不断完善。

本书编写的主要技术数据来源于国家标准《先张法预应力

混凝土管桩》（GB 13476—2009）、《国家建筑标准设计图集》（10G409）、《预制混凝土衬砌管片》（GB/T 22082—2017）、《环形混凝土电杆》（GB 4623—2014）等。

感谢红墙公司领导及培训部、市场推广部对本书编写的大力支持，感谢众多有价值的技术论文的作者。由于建材行业发展很快，制品形式和新技术不断更新，加之编者水平有限，书中不妥之处在所难免，敬请读者批评指正。

编 者

2020 年 10 月 1 日

目　　录

第一章　管桩的起源与发展

1.1　管桩的起源

提起管桩，大家都很熟悉，在你居住的小区，在你的住宅楼地下，一定布置了很多管桩。管桩因为强度高、承载力大、施工快捷方便环保等特点，已经被广泛用于工业与民用建筑、道路桥梁、光伏基地、海港工程等。

管桩，全称"预应力高强混凝土管桩"，简称"PHC 管桩"。广东省最早的一家管桩厂诞生于 1986 年，名称叫"南方管桩"，地处广州经济技术开发区，属中外合资企业，它是 1993 年建立的中外合资新厂"广州羊城管桩有限公司"的前身。历史同期，上海三航局也从日本引进了同样的技术建厂。如果继续追根溯源，早在 20 世纪 60 年代，在北京丰台桥梁厂就已经有少量管桩生产，混凝土标号只能达到 C60，远没有达到今天的 C80。其实，在广东省第一家管桩厂"南方管桩"建厂初期，管桩也很难达到 C80，因为那时还没有高压釜，管桩经过养护池初蒸拆模后，再放进水池里浸泡 7 d 左右，或者淋水养护，才能出厂。当时把这种桩叫 PC 桩，生产效率极低，每个班最多只能生产 40 条桩。与当今管桩大厂动辄单线、单班生产 230 条桩相比，不可同日而语。1990 年前管桩行业还没引用高压釜，而且大部分主要生产设备都是从日本原装进口，如：钢筋切断机、镦头机、预应力张拉机、自动滚焊编笼机、混凝土搅拌机等。管桩用的主材预应力钢棒，也是由日本生产。直到 1993 年前后，上述设备实现国产化，大大降低了建厂初始投资。由于市场需求火爆，大批新管桩厂雨后春笋般涌现，发展势头迅猛，如建华建材（前身：中山建华）、广东三和（前身：中山三和）等大型管桩厂都是在这一阶段建成投产。建华建材集团已经在全国建厂 50 多家，广东三和在全国建厂近 30 多家，分布在全国各地。目前，仅建华建材集团管桩年产量就能达到 1.6 亿米（2019 年度），约占全国管桩总产能 4 亿米的半壁江山。据不完全统计，目前全国共有管桩厂 600 多家，仅广东省就有 60 多家，而且全国管桩十五强中有 5 家地处广东，即建华管桩、三和管桩、羊城管桩、宏基管桩、鸿业管桩。

1.2 管桩的发展

管桩近 40 年的发展，生产设备方面自动化程度在不断提高，节省了人工，使生产现场更安全、更环保，实现了车间文明生产。比如：泵送机布料工艺的改进，钢筋自动切断、镦头，编笼机自动插筋，风动扳手自动锁紧合模螺丝，堆场吊机装卸管桩自动挂钩，等等。除设备不断更新以外，技术方面也经历了三次大的革命。

第一次革命，1990 年高压釜的引用。最早，管桩是作为预制混凝土实心方桩的替代品而出现的，由于实心方桩是卧式浇筑成型，全程自然养护，所以混凝土龄期需要 28 d，才能达到出厂强度 C60。而管桩是车间流水线式生产，离心成型，坍落度小，水胶比低，空心制品，所以经过养护池常压蒸汽养护 6 h，即能满足拆模要求（≥45 MPa）。若采用纯水泥生产，初蒸强度甚至可达到 70 MPa 以上，再经过浸水养护 7 d，即可达到出厂强度。引入高压釜后，管桩拆模检验后立即进入高压釜，在釜内经过高温（178 ～ 180 ℃）、高压（相应压力 0.95 ～ 1.00 MPa）二次养护，管桩出釜，混凝土强度即可达到 C80（90 MPa 左右）。不用再池中泡水 7 d，大大缩短了制作周期，在车间早晚两班倒的工作制度下，管桩生产过程从混凝土搅拌到管桩成品出厂只需 24 h。生产效率、堆场占用率都大大改善，与实心方桩的养护期 28 d、PC 管桩的水养 7 d 相比，这的确是一次技术革命。

第二次革命，1995 年磨细砂的发明。在没有磨细砂前，生产管桩基本用纯水泥，胶材用量大。一般单方混凝土水泥用量 520 kg 左右，初蒸拆模强度 70 MPa 左右，压蒸强度 90 MPa 左右（纯水泥生产，经高压釜压蒸后，混凝土强度一般可提高 20 MPa 左右）。磨细砂发明后，可取代 30% 水泥用量，压蒸强度较纯水泥生产可再提高 10 MPa，在初蒸强度满足国标要求的大于等于 45 MPa 时，压蒸强度能够翻倍增长，可以达到 90 ～ 100 MPa。

磨细砂，全称磨细石英砂粉或硅砂粉，主要成分为 SiO_2（90%以上），是由石英含量比较高的自然砂研磨而成，属惰性，不产生工业废物、不需要燃料，生产工艺简单。正常情况下，磨细砂单价只是当地水泥单价的 1/3。磨细砂中 SiO_2 成分必须在压蒸条件下完成与水泥及水泥水化产物的化合，形成更加坚固的水泥石（托勃莫来石）。由于价格低廉，强度提高幅度明显，因此磨细砂的发明和使用称得上是管桩生产工艺又一次重要的技术革命，为国家节约了大量能源和自然资源。此项国家专利归广州羊城管桩有限公司所有。

第三次革命，免压蒸生产工艺的执行。随着社会的进步，人们的环保意识越来越强，因此国家环境治理力度也越来越大，各项政策相继出台。自 2014 年开始，10 t 以下煤锅炉停用，建议烧天然气锅炉。由于烧天然气比烧燃煤成本要提高 3 倍，迫于成本压力，有些厂开始尝试管桩"双免"或"单免"工艺改进，主要目的是减少蒸汽用量，降低用汽成本。目前，"单免"已被修改为"免压蒸"。《预应力高强混凝土管桩免压蒸生产技术要求》国家行业标准（T/CBMF 64—2019）已发布，并于 2019 年 10 月 31 日实施。《免压蒸管桩硅酸盐水泥》国家标准（GB/T 34189—2017）也已于 2018 年 8 月 1 日实施。免压蒸管桩用《蒸养混凝土制品用掺合料》（JT/T 2554—2019）建材行业标准也已经发布，并于 2020 年 7 月 1 日实施。

在超早强型聚羧酸外加剂和复合掺合料的共同作用下，免压蒸生产工艺已经成为管桩未来的发展方向。

1.3　管桩的未来

引用中国水泥制品协会预制桩分会 2019 年度总结："改革开放

以来，在经济飞跃发展的过程中，国家大规模基础设施建设带动了包括预制桩在内的水泥混凝土产业发展，随着基建增速的脚步快进，高质量、精细化、智能化发展将是未来很长一段时间符合经济发展需要的主旋律。可以判断：①预制桩产品在相当长的时间内仍具有较强的竞争力和广阔的市场前景；②企业集团化（规模化）和产品多元化将成为预制混凝土桩行业的发展趋势。"

　　生产工艺的创新和生产设备的创新已经很多，比如：泵送布料形式，布料合模自动锁紧螺丝，编笼机由机械手自动插筋，行车自动抓模，真空吸盘起桩，成品堆场自动挂钩装卸，等等，都是管桩机械设备新的发展方向。管桩的外观形状方面也在不断涌现新产品，如：空心方桩、薄壁管桩、竹节桩、光伏桩、铅笔桩（自带桩尖）、挡土墙用 U 形板桩、六角离心支护桩、超高强混凝土管桩（C90、C100、C110、C120）、钢管复合桩（SC 桩）、耐腐蚀管桩等。在工程设计和施工中，大口径管桩（如 Φ800 桩）更容易被优先选用，单桩承载力高，可以减少布桩数量，提高施工速度。

第二章 管桩的生产

2.1 管桩用原材料

2.1.1 水泥

宜采用强度等级不低于 42.5 级的硅酸盐水泥、普通硅酸盐水泥、矿渣硅酸盐水泥，其质量应符合国标《通用硅酸盐水泥》（GB 175—2007）的规定。一般采用 PII42.5 或 PII52.5。

水泥的常规检验项目：①标准稠度用水量；②安定性；③细度（筛析法、比表面积法）；④凝结时间；⑤水泥胶砂强度。

2.1.2 碎石（粗骨料）

粗骨料宜采用碎石或破碎的卵石，连续粒级 5 ～ 25 mm，其最大粒径不应大于 25 mm，且不得超过螺旋筋净距的 3/4，质量应符合国标《建筑用卵石、碎石》（GB/T 14685—2011）的有关规定，需选用 I 类石质，含泥量不大于 0.5%，硫化物及硫酸盐含量不大于 0.5%。针片状含量不大于 5%，压碎值指标小于 10%。

2.1.3 砂（细骨料）

细骨料宜采用洁净的天然硬质中粗砂或人工砂，细度模数宜为 2.5 ～ 3.2，采用人工砂时，细度模数可为 2.5 ～ 3.5。质量应符合《建设用砂》（GB/T 14684—2011）的有关规定，且含泥量不大于 1%，贝壳、轻物质含量不大于 1%，氯离子含量不大于 0.01%，硫

化物及硫酸盐含量不大于 0.5%。

对于有抗冻、抗渗或其他特殊要求的管桩，其所使用的细骨料应符合相关标准的规定。

2.1.4 掺合料

2.1.4.1 磨细砂粉

在管桩执行双蒸工艺时，一般首选磨细砂粉做掺合料，取代水泥的比例一般为 30%，最高比例可取代 35%。磨细砂粉也称作硅砂粉，SiO_2 含量要求 90% 以上，比表面积要求不低于 420 m^2/kg。严禁使用海沙做原材料生产磨细砂粉。

2.1.4.2 免压蒸掺合料

在管桩免压蒸工艺中，由于取消了二次高温高压养护，磨细砂粉不能使用。需选用其他材料，如：S95 矿粉、Ⅰ级粉煤灰、硅灰、微珠粉、偏高岭土超细粉、硬石膏粉或者以上几种材料的复合。其中，以矿渣粉与粉煤灰微珠、硬石膏粉为主要成分的复合型掺合料，代号为 MASC－1；以硅灰与硬石膏粉为主要成分的复合型掺合料，代号为 MASC－2；以偏高岭土为主要成分的掺合料，代号为 MASC－3。掺合料标准应该符合《蒸养混凝土制品用掺合料》（JC/T 2554—2019）的要求。

1. 矿渣粉

矿渣粉的定义：以粒化高炉矿渣为主要原料，可掺加少量石膏磨制而成一定细度的粉体。

按细度分为 S75、S95、S105 3 个级别。国标 GB/T 18046—2008 规定见表 2－1。

表 2 - 1 矿粉的级别划分

级 别	S105	S95	S75
比表面积（m²/kg）	≥500	≥400	≥300
28 d 活性指标（%）	105	95	75

密度：≥2.8 g/cm³；流动度比：≥95%；玻璃体含量（质量分数）：≥85%；放射性指标：合格。

矿渣粉的化学成分，列举一种见表 2 - 2。

表 2 - 2 矿粉的化学成分

化学成分	CaO	SiO₂	Al₂O₃	MgO	Fe₂O₃	Na₂O	SO₃	烧失量	其他
比例（%）	36.90	28.62	14.45	4.32	2.50	0.71	3.50	3.0	—

2. 偏高岭土超细粉

偏高岭土的定义：以高岭土为原料，在适当的温度下（700～900 ℃）经过煅烧脱水形成的无水硅酸铝（AS2），其晶体形式为不稳定的铝氧八面体网络结构，具有较高的火山灰活性。

偏高岭土的水化活性取决于煅烧温度和矿物中 $Al_2O_3 \cdot SiO_2$ 的含量。煅烧温度一般在 700～800 ℃ 为宜，$Al_2O_3 + SiO_2 ≥ 80\%$ 为佳，在胶材用量中适宜掺量为 5%～10%。

作用机理：使混凝土中 100 nm 以上的毛细孔减少，总空隙率下降，提高混凝土的后期强度。

偏高岭土的化学成分一般要求见表 2 - 3。

表 2 - 3 偏高岭土的成分组成

成 分	SiO₂	Al₂O₃	Fe₂O₃	CaO	MgO	TiO₂	其他
含量（%）	≤53.5	≥43.0	≤0.3	≤0.5	≤0.3	≤0.6	—

3. 粉煤灰微珠粉

微珠的定义：微珠是一种全球状、连续粒径分布、实心、超细粉煤灰氯酸盐精细微珠，也称"粉煤灰微珠"。

粒径一般分布在 0.1～5 μm 之间；球体密度：2.52 g/cm³；堆积密度：0.65 g/cm³；比表面积：约 3300 m²/kg；放射性指标：

≤1.3。

作用机理：填加微珠后的混凝土级配在微观层面得到极好的优化，混凝土更加密实、强度更高。因此，混凝土的抗渗、抗蚀性能得到极大改善。由于其"滚珠润滑"效应，增加了混凝土的流动性，物理减水效果明显。颗粒形状见图2-1、图2-2。

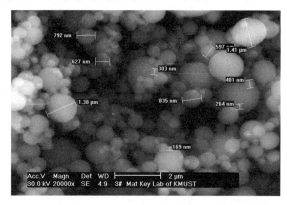

图2-1 "微珠"扫描图片（放大倍数：20000）

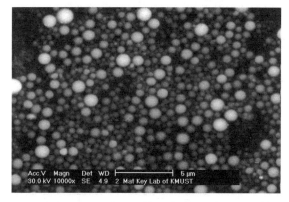

图2-2 "微珠"扫描图片（放大倍数：10000）

微珠粉的化学成分，列举一种见表2-4。

表2-4 微珠粉的化学成分组成

成分	SiO_2	Al_2O_3	CaO	MgO	Fe_2O_3	Na_2O	K_2O	SO_3	烧失量
比例（%）	56.5	26.5	4.8	1.3	5.3	1.4	3.28	0.65	<1.0

微珠粉粒径分布情况，通过激光衍射粒度分析仪分析颗粒分布见图2-3。

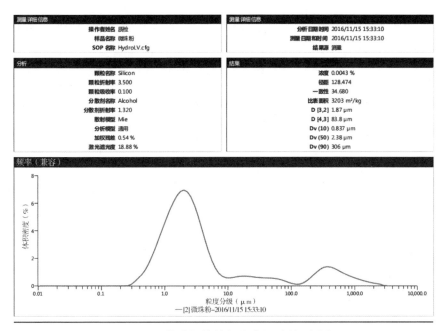

图 2-3 微珠粉的粒径分布湿法检测分析

4．硅灰

硅灰的定义：硅灰是在冶炼硅铁合金和工业硅时产生的 SiO_2 和 Si 气体与空气中氧气迅速氧化并冷凝而成的一种超细硅质粉体材料，它是一种比表面积很大、活性很高的火山灰物质。

平均粒径 0.1～0.3 μm，细度小于 1 μm 的占比 80% 以上，比表面积 20000～28000 m^2/kg，细度为水泥的 60～80 倍。

硅灰的作用机理：硅灰能够填充水泥颗粒间的孔隙，同时与水化产物生成凝胶体，与碱性材料氧化镁反应生成凝胶体。掺量一般为胶凝材料量的 5%～10%，需加密后运输和使用。

硅灰的化学成分见表 2-5。

表 2-5 硅灰的化学成分组成

成分	SiO_2	Al_2O_3	Fe_2O_3	MgO	CaO	Na_2O
比例（%）	75～95	1.0	0.9	0.7	0.3	1.3

几种掺合料主要粒径分布及粒形特点（顺序填充机理）见表 2-6。

表 2-6　掺合料的大致粒径分布及颗粒形状

名　　称	粉煤灰	磨细矿粉	微珠粉	硅灰
主要粒径分布（μm）	5～30	10～40	0.1～5.0	0.1～0.5
粒形	大部分球状	多棱角	全球状	全球形

2.1.5　减水剂

外加剂定义：混凝土外加剂是除水泥、砂、石、混合材料、水以外的不可或缺的混凝土重要成分，被称为混凝土第五组分。

外加剂作用：掺加外加剂，可以改善混凝土性能、提高混凝土强度、节省水泥和能源、改善工艺和劳动条件、提高施工速度和工程质量、保护环境，具有显著的经济效益和社会效益。

外加剂分类：①改善混凝土拌合物流变性能的外加剂，如减水剂和泵送剂；②调节混凝土凝结时间、硬化性能的外加剂，如缓凝剂和促凝剂及速凝剂；③改善混凝土耐久性的外加剂，如引气剂、防水剂、阻锈剂等；④改善混凝土其他性能的外加剂，如膨胀剂、防冻剂、着色剂等。

管桩用减水剂：①高效减水剂（萘系），减水率大于 18%；②高性能减水剂（聚羧酸系列），减水率大于 27%。为适应免压蒸生产工艺，红墙公司推出早强型聚羧酸减水剂 CSP-12。

预制构件用减水剂：为适应低温环境，红墙公司推出纳米早强剂 FCM-10，适用于自然养护，促进混凝土 6～24 h 内强度快速增长，从而加快模具周转，提高生产效率。

衬砌管片专用外加剂：为满足管片早强、表观气孔少、混凝土凝结时间短等要求，红墙公司特别推出早强型母液、降黏型母液、缩短凝结时间的促凝剂等，可提高管片自动化生产线运转效率。

2.1.6 预应力钢筋

预应力钢筋应采用抗拉强度不小于 1420 MPa、35 级延性的低松弛预应力混凝土用螺旋槽钢棒（代号 PCB－1420－35－L－HG），其质量应符合《预应力混凝土用钢棒》（GB/T 5223.3—2005）的有关规定，几何特性及理论质量见表 2－7。

表 2－7 钢棒的规格系列

公称直径（mm）	基本直径（mm）	截面面积（mm²）	理论质量（kg/m）	公称直径（mm）	基本直径（mm）	截面面积（mm²）	理论质量（kg/m）
7.1	7.25	40.0	0.314	10.7	11.10	90.0	0.707
9.0	9.15	64.0	0.502	12.6	13.10	125.0	0.981

2.1.7 螺旋筋

螺旋筋宜采用低碳热轧圆盘条作原料，经过冷拔工艺制作成混凝土制品用冷拔低碳钢丝，规格分为 $\Phi^b4.0$ mm、$\Phi^b4.5$ mm、$\Phi^b5.0$ mm 等。原材料质量应符合《低碳钢热轧圆盘条》（GB/T 701）的规定，拉丝成品应符合《混凝土制品用冷拔低碳钢丝》（JC/T 540）的规定。

2.1.8 端头板

端板应采用 Q235B 钢，套箍应采用 Q235 钢，其质量应符合《碳素结构钢》（GB/T 700）的规定，端头板的性能尚应符合《先张法预应力混凝土管桩用端板》（JC/T 947）的规定。

2.2　管桩生产工艺

管桩生产工艺见图 2 - 4。

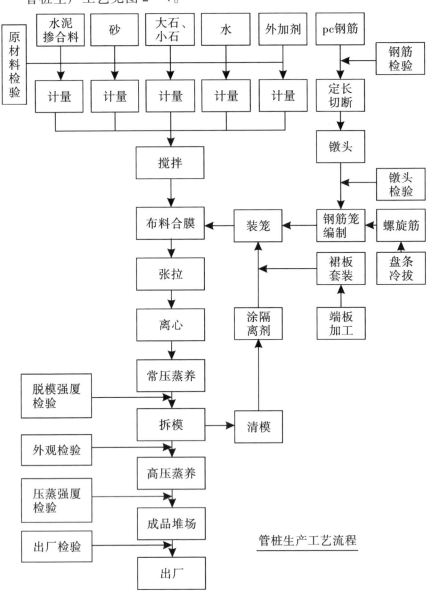

管桩生产工艺流程

图 2 - 4　管桩生产工艺一般流程

2.2.1 钢筋笼制备

2.2.1.1 钢筋定长切断

由于预应力钢筋在张拉时会伸长，在控制应力范围内弹性伸长率约6‰，加之国标规定管桩长度不允许有负公差，因此预应力钢筋在定长切断时，下料长度参考表2－8。

表2－8 钢筋直条下料长度参考值

管桩长度（m）	7	8	9	10	11	12	13	14	15
下料长度（mm）	6965	7960	8955	9950	10945	11940	12935	13930	14925

钢筋下料长度相对误差：长度15 m以内（含15 m），不大于1.5 mm；长度15 m以上，不大于2 mm。

2.2.1.2 钢筋镦头

镦头尺寸一般规定见表2－9。

表2－9 镦头尺寸参考值

公称直径（mm）	镦头直径（mm）	镦头厚度（mm）
Φ7.1	Φ13.0～Φ14.0	5.5～6.5
Φ9.0	Φ16.5～Φ17.5	6.5～7.5
Φ10.7	Φ19.0～Φ20.0	8.0～9.0

预应力钢筋的抗拉强度：≥1420 MPa；屈服强度：≥1280 MPa；镦头强度要求不得小于本体强度的90%。

2.2.1.3 钢筋笼焊接

在钢筋笼成型前，主筋要求进行等长编组，同一组每根钢筋的长度相对误差不大于 $L/4000$。预应力钢筋应沿其分布圆周均匀配置，最小配筋率不得低于0.4%，并不得少于6根，间距允许偏差为±5 mm。

主钢筋与螺旋筋的焊点强度损失不得大于该材料抗拉强度的5%。钢筋笼的结构尺寸见图2-5。

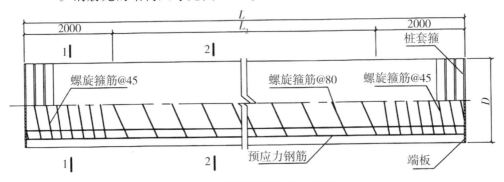

图2-5 钢筋笼结构尺寸示意

钢筋笼两端加密区螺旋筋间距为45±5 mm，中间非加密区螺旋筋间距为80±5 mm。

加密区长度一般为2000 mm，7 m以下短桩，加密区可取1500 mm。螺旋筋选用规格一般规定见表2-10。

表2-10 管桩规格对应螺旋筋规格

管桩外径（mm）	管桩型号	螺旋筋直径（mm）	管桩外径（mm）	管桩型号	螺旋筋直径（mm）
300～400	A、AB、B、C	4	1000～1200	A、AB、B	6
500～600	A、AB、B、C	5	1000～1200	C	8
700	A、AB、B、C	6	1300～1400	A、AB	7
800	A、AB、B、C	6	1300～1400	B、C	8

2.2.2　混凝土制备

搅拌设备宜采用立式星型强制式或卧式双轴搅拌机，所有材料采用电子秤计量，允许称量误差：水泥及掺合料不大于 ±1%，外加剂和水不大于 ±0.1%，粗细骨料不大于 ±2%。全料搅拌时间控制在 90～120 s。混凝土坍落度：开模布料宜控制在 20～50 mm（属塑性混凝土），泵送灌料宜控制在 160～200 mm（属大流动性混凝土）。

混凝土配合比设计：一般采用标准容重设计法，参考重型混凝土，设计容重为 2550～2600 kg/m^3。开模工艺砂率宜确定为34%～37%（小口径桩砂率相对高，大口径桩砂率相对低），泵送工艺砂率宜确定为41% 左右（视用砂细度模数而定）。使用萘系高效减水剂，水胶比控制一般为 0.29 左右；使用聚羧酸高性能减水剂，（开模工艺）水胶比可控制在 0.23～0.26，（泵送工艺）一般为 0.31 左右。

列举 3 种典型混凝土配合比设计：

（1）开模工艺用萘系减水剂，常规混凝土参考配方（单方），见表 2－11。

表 2－11　开模萘系混凝土配合比　　　　单位：kg

W	C	MS	S$_机$	S$_河$	G$_{0.5}$	G$_{1-2}$	A	$\sum$	容重	W/C	SP$_0$
127	308	132	—	700	—	1300	10.0	440	2580	0.29	35%

（2）泵送工艺用聚羧酸减水剂，常规混凝土参考配方（单方），见表 2－12。

表 2－12　泵送聚羧酸混凝土配合比　　　　单位：kg

W	C	MS	S$_机$	S$_河$	G$_{0.5}$	G$_{1-2}$	A	$\sum$	容重	W/C	SP$_0$
129	290	140	400	400	—	1145	4.7	430	2510	0.30	41%

（3）免压蒸开模工艺用聚羧酸减水剂，常规混凝土参考配方（单方），见表 2－13。

表 2－13　免压蒸开模聚羧酸混凝土配合比　　　　单位：kg

W	C	JMT	S$_机$	S$_河$	G$_{0.5}$	G$_{1-2}$	A	$\sum$	容重	W/C	SP$_0$
104	315	135	354	354	—	1310	9.0	450	2580	0.23	35%

注：W—水，C—水泥，MS—磨细砂，$S_{机}$—机制砂，$S_{河}$—自然砂，$G_{0.5}$—小石子，G_{1-2}—大石子，A—外加剂，SP_0—砂率，JMT—掺合料，W/C—水胶比。

◇每班正常生产后，实验员在布料过程中混凝土取样，测坍落度，制作试模，跟踪当班管桩混凝土强度。

2.2.3 布料、合模

工作要点：

（1）开模形式，布料要求混凝土均匀分布，播撒料先中间后两端再中间，两端要进行插捣，确保混凝土到位。一条桩从混凝土下料到离心不宜长于 30 min。对于因头尾板更换而延误合模时间的，可以适当洒水添加适量外加剂，以激活混凝土的流动性。

合模前，检查端头裙板变形情况，检查挡浆密封胶条或草绳垫位，检查合模螺丝是否缺失并补齐。

（2）泵送形式，检查泵机工作状态，检查泵管是否通畅，检查泵料流速（正常灌料速度 30 kg/s）。

2.2.4 张拉

在混凝土成型前，对主筋进行张拉，此为先张法。预应力钢筋抗拉强度为 1420 MPa，张拉控制应力取 0.7 系数，即 994 MPa。$\sigma_{con} = 0.7 \times fptk$，其中，$\sigma_{con}$ 为预应力钢筋张拉控制应力，单位：MPa；fptk 为应力钢筋抗拉强度，单位：MPa。

由此得出，预应力钢筋每根钢筋的张拉力（表 2-14）。

表 2-14 预应力钢筋控制张拉力参数

公称直径（mm）	7.1	9.0	10.7	12.6
公称截面面积（mm^2）	40.0	64.0	90.0	125.0
每根钢筋张拉力（N）	39760	63616	89460	124250

根据管桩预压应力级别（A 级、AB 级、B 级、C 级）和配筋条数设定张拉参数。

2.2.5 离心

离心成型一般分为四个阶段：慢速、低速、中速、高速。慢速为混凝土在模具内重新分布阶段，以掉料、翻拌为主，在外加剂的作用下，激活混凝土流动性，使混凝土在管模内实现均匀分布，以离心加速度（a）小于重力加速度（g）为准来设定管模慢速阶段转速；低速和中速为进一步挤压密实，属过渡阶段，离心时间设定相对较短；高速为混凝土达到绝对密实阶段，离心加速度可达到 $40g$（g 为重力加速度），以此来设计管模高速阶段转速。

模型转速设定（以 Φ500 – 125 桩为例）见表 2 – 15。

表 2 – 15 离心参数设定

Φ500 管桩	慢速	低速	中速	高速
管模转速（r/min）	60 ± 10	150 ± 10	240 ± 10	380 ± 10
电机转速（r/min）	180	460	700	1080
时间（min）	3.0	2.0	2.0	5.0

转速设计原理：

假设在管桩最外壁有个质量点 m，计算其所受离心力见图 2 – 6。

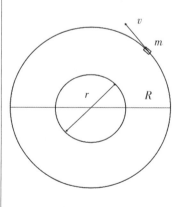

离心半径：$R = 250$ mm $= 0.25$ m；
最高转速：$n = 380$ r/min $= 6.33$ r/s；
线速度：$v = 2\pi R * n = 9.94$ m/s；
离心加速度：$a = v^2/R = 395.2$ m/s^2；
重力加速度：$g = 9.8$ m/s^2。
可见，离心速度最高时，离心加速度相当于重力加速度的 40 倍。
同理，在慢速阶段（转速 60 r/min），假设质量点在离心半径 200 mm 处，其所受离心加速度计算 $a_0 = 7.9$ m/s$^2 < 9.8$ m/s^2，所以可以达到翻拌混凝土的目的

图 2 – 6 离心力计算示意

离心力与向心力对应，离心力 $F = a * m$

可见，离心加速度越大，质量点所受离心力也越大，质量点的质量越大（密度越大），其所受的离心力也越大，这就是轻物质离心时甩不到管桩外壁而多数存在于内壁附近的成因。

2.2.6　初蒸养护

初蒸养护属于常压蒸汽养护，介质采用饱和水蒸气。

对于双蒸工艺，初蒸养护，若有使用掺合料，初蒸温度不低于85 ℃；若使用纯水泥生产，初蒸温度不宜大于70 ℃，通汽养护时间不低于6 h，养护制度见表2 - 16。

表2 - 16　初蒸养护制度设定

工艺阶段	时间控制	温度控制	备　　注
静停	1 h	室温	以最后一条盖池算起
升温	1.5 h	升温速度 20 ～ 30 ℃/h	
恒温	4.5 h	85 ± 5 ℃	保持温度，不断补汽
降温		开盖自然冷却	

对于免压蒸工艺，养护池常压养护时间规定：夏季不低于10 h，冬季不低于12 h。降温速度不宜大于30 ℃/h。

对于双免（自然养护）工艺，混凝土的成熟度不小于600 ℃·d（如：21.5 ℃·28 d）。

2.2.7　拆模、清模、装笼、检验

管桩在常压蒸汽养护完成后，出池拆模，同条件跟踪试块拆模强度不得低于45 MPa。预应力放张，需采取对称放松张拉螺丝，以免受力不均，造成钢筋掉镦头等质量问题。

管桩脱模后，由技术部检验员进行外观检验、喷刷标识。管桩标记含有：制造厂家、注册商标、产品规格型号、生产日期、班次及合格盖章。此标识按标准规定，印刷在距桩端头1000 ～ 1500 mm

处为宜。

清理模具、喷涂隔离剂（脱模剂）、安装钢筋笼、装配张拉头板和尾板。

管桩外观质量检验项目及判定标准见表2-17。

表2-17　管桩外观质量检验判定标准

检验项目	合格品	次品	废品
黏皮和麻面	局部黏皮和麻面累计面积不大于桩总外表面积的0.5%，每处深度不得大于5 mm，且应修补	$1.0\%A > S > 0.5\%A$ $10\text{ mm} > H > 5\text{ mm}$	$S > 1.0\%A$ $H > 10\text{ mm}$
局部磕损	局部磕损深度不应大于5 mm，每处面积不应大于5000 mm²，且应修补	$10\text{ mm} > H > 5\text{ mm}$ $8000\text{ mm}^2 > S > 5000\text{ mm}^2$	$H > 10\text{ mm}$ $S > 8000\text{ mm}^2$
合缝跑浆	漏浆深度不应大于5 mm，每处漏浆长度不得大于300 mm，累计长度不得大于桩长的10%，或对称漏浆的搭接长度不得大于100 mm，且应修补	$30\%L > L_{累计} > 10\%L$ $700\text{ mm} > L_1 > 300\text{ mm}$ $7\text{ mm} > W > 5\text{ mm}$	$L_{累计} > 30\%L$ $L_1 > 700\text{ mm}$ $W > 7\text{ mm}$
砼内塌落	不允许	$D_t \leq 150\text{ mm}$	$D_t > 150\text{ mm}$
内壁软浆	软浆深度不大于20 mm	$>20\text{ mm}$	$>30\text{ mm}$
表面露筋	不允许	内表面露螺旋筋	外表露筋
表面裂缝	不得出现环向和纵向裂缝，但龟裂、水纹和内壁浮浆层中的收缩裂缝不在此限		
端面平整度	管桩端面砼和预应力钢筋镦头不得高出端板平面	镦头高出端板	
断筋、脱头	不允许	断1根	超过1根
裙板凹陷	凹陷深度不应大于10 mm	$20\text{ mm} > W > 10\text{ mm}$	$W > 20\text{ mm}$

19

（续上表）

检验项目	合格品	次品	废品
端头跑浆	漏浆深度不应大于5 mm，漏浆长度不得大于周长的1/6，且应修补	$L_1 > 1/4C$ $W > 5$ mm	$L_1 > 1/2C$ $W > 10$ mm
空洞和蜂窝	不允许	1孔或2孔	多于2孔
桩长度偏差	$\pm 0.5\% L$	超出规定	
端部倾斜	$\leq 0.5\% D$	$> 0.5\% D$	$> 1.0\% D$
桩外径	+5 mm/−2 mm		
桩壁厚	+20 mm/−0	−10 mm以内	超过−10 mm
保护层厚度	+5 mm/−0		
桩身弯曲度	$\leq L/1000$		
端板	外径：0/−1 mm 内径：0/−2 mm 厚度：正偏差不限 平面：≤ 0.5 mm		

注：A—桩身面积；S—黏皮（或磕损）面积；H—黏皮（或磕损）深度；W—漏浆（或凹陷）深度；L—桩长；L_1—单处漏浆长度；D_t—塌落直径；D—桩直径；C—周长；$L_{累计}$—漏浆累计长度。

2.2.8　压蒸养护

压蒸养护的原理：磨细砂在常压初蒸时几乎不参与反应，对强度影响不大，管桩进入高压釜后，在高温、高压、高湿度的热饱和蒸汽的环境下，磨细砂粉中高含量的 SiO_2 成分与水泥水化产物 $Ca(OH)_2$ 反应，生成水化硅酸钙，形成一种坚硬的水泥石（托勃莫莱石），从而使混凝土强度与拆模强度相比得到翻倍增长。

压蒸养护工艺制度的设定见表2−18。

表 2－18　压蒸养护工艺制度

压蒸工艺	时间控制	压力、温度控制	注意事项
升温、升压	1.5～2.0 h	均匀升压、升温	受限于外供汽压
恒温、恒压	4.5～5.0 h	恒压 0.91 MPa 恒温 178～180 ℃	中途给汽补压 稳定压力、温度
降压、降温	3.0～3.5 h	均速降压 温度缓慢下降	降压不可过快，秋冬季或寒冷地区 降温降压可适当延长（至 4.0～5.0 h）

在压蒸养护过程中，蒸汽压力尤为关键，如果压力不够，温度就不足，SiO_2 和 $Ca(OH)_2$ 的化合反应就不充分，将对混凝土强度造成严重影响。根据热饱和蒸汽介质特点，查表可得温度与压力的对应关系，温度随压力变化而升降，详见表 2－19。

表 2－19　饱和蒸汽压力－温度－焓对应表

压力（MPa）	温度（℃）	焓（kJ/kg）	压力（MPa）	温度（℃）	焓（kJ/kg）
0.001	6.98	2513.80	0.050	81.35	2645.00
0.002	17.51	2533.20	0.060	85.95	2653.60
0.003	24.10	2545.20	0.070	89.96	2660.20
0.004	28.98	2554.10	0.080	93.51	2666.00
0.005	32.90	2561.20	0.090	96.71	2671.10
0.006	36.18	2567.10	0.100	99.63	2675.70
0.007	39.02	2572.20	0.120	104.81	2683.80
0.008	41.53	2576.70	0.140	109.32	2690.80
0.009	43.79	2580.80	0.160	113.32	2696.80
0.010	45.83	2584.40	0.180	116.93	2702.10
0.015	54.00	2598.90	0.200	120.23	2706.90
0.020	60.09	2609.60	0.250	127.43	2717.20
0.025	64.99	2618.10	0.300	133.54	2725.50
0.030	69.12	2625.30	0.350	138.88	2732.50
0.040	75.89	2636.80	0.400	143.62	2738.50

（续上表）

压力（MPa）	温度（℃）	焓（kJ/kg）	压力（MPa）	温度（℃）	焓（kJ/kg）
0.450	147.92	2743.80	3.00	233.84	2801.90
0.500	151.85	2748.50	3.50	242.54	2801.30
0.600	158.84	2756.40	4.00	250.33	2799.40
0.700	164.96	2762.90	5.00	263.92	2792.80
0.800	170.42	2768.40	6.00	275.56	2783.30
0.900	175.36	2773.00	7.00	285.80	2771.40
1.00	179.88	2777.00	8.00	294.98	2757.50
1.10	184.06	2780.40	9.00	303.31	2741.80
1.20	187.96	2783.40	10.00	310.96	2724.40
1.30	191.6	2786.00	11.00	318.04	2705.40
1.40	195.04	2788.40	12.00	324.64	2684.80
1.50	198.28	2790.40	13.00	330.81	2662.40
1.60	201.37	2792.20	14.00	336.63	2638.30
1.40	204.3	2793.80	15.00	342.12	2611.60
1.50	207.1	2795.10	16.00	347.32	2582.70
1.90	209.79	2796.40	17.00	352.26	2550.80
2.00	212.37	2797.40	18.00	356.96	2514.40
2.20	217.24	2799.10	19.00	361.44	2470.10
2.40	221.78	2800.40	20.00	365.71	2413.90
2.60	226.03	2801.20	21.00	369.79	2340.20
2.80	230.04	2801.70	22.00	373.68	2192.50

注：压蒸管桩混凝土饱和蒸汽压力一般控制在0.90～1.00 MPa为宜。

　　压蒸养护结束后，当釜内压力降至与釜外大气压一致时，排除釜内余汽和残余冷凝水后，方可开启釜门，继续降温。此时桩身内部残余压力尚未完全释放，桩身温度还高于100 ℃以上。待桩身温度与釜外温差小于80 ℃后，管桩方可出釜。并做好防雨、防风、防低温等恶劣天气影响措施，以免管桩混凝土出现开裂。

　　安全须知：高压釜为高温压力装置，属特种设备，需培训合格，持证上岗。

第三章 管桩分类

3.1 产品品种和代号

管桩按混凝土强度分为预应力混凝土管桩（代号 PC）和预应力高强混凝土管桩（代号 PHC）。

3.2 产品规格、型号

3.2.1 管桩按外径分

管桩按外径分有 300 mm、400 mm、500 mm、550 mm、600 mm、700 mm、800 mm、1000 mm、1200 mm、1300 mm、1400 mm 等规格。

同一种外径，还可分为不同壁厚，如：Φ500 mm 桩，有 100 mm 厚（称为薄壁桩），有 125 mm 厚（称为厚壁桩）。Φ600 mm 桩壁厚也分为 110 mm 和 130 mm 两种，以此类推。

3.2.2 管桩按混凝土有效预压应力值分

管桩按混凝土有效预压应力值分成 4 种：A 型、AB 型、B 型和 C 型。

3.2.3 管桩按长度分

管桩长度最短 7 m，最长 30 m，也可根据供需双方协议，生产

其他长度。

3.3 产品标识

比如：外径 500 mm、壁厚 125 mm、长度 12 m、AB 型预应力高强混凝土管桩。产品标记为：PHC 500 AB 125－12 GB 13476。

3.4 管桩的结构形状及基本尺寸

管桩的结构形状及基本尺寸见图 3－1。

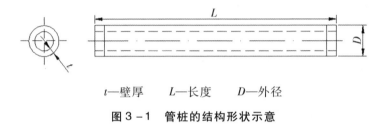

t—壁厚 L—长度 D—外径

图 3－1 管桩的结构形状示意

3.4.1 管桩的尺寸允许偏差

管桩的尺寸允许偏差见表 3－1。

表 3－1 管桩外形尺寸允许偏差   单位：mm

序号	项 目		允许偏差
1	L		＋0.5%L/－0
2	端部倾斜		≤0.5%D
3	D	300～700 mm	＋5 －2
		800～1400 mm	＋7 －4
4	t		＋20 0
5	保护层厚度		＋5 0

（续上表）

序号	项　目		允许偏差
6	桩身弯曲度	$L \leq 15$ m	$\leq L/1000$
		15 m $< L \leq 30$ m	$\leq L/2000$
7	端板	端面平整度	≤ 0.5
		外径	0 -1
		内径	0 -2
		厚度	正偏差不限 0

3.4.2　管桩的结构尺寸及配筋

管桩的结构尺寸及配筋见表 3 - 2。

表 3 - 2　管桩的直径、型号、壁厚、长度及配筋数量

外径 （mm）	型号	壁厚 （mm）	长度 （m）	预应力 配筋	外径 （mm）	型号	壁厚 （mm）	长度 （m）	预应力 配筋
	PC、PHC	PC、PHC				PC、PHC	PC、PHC		
300	A	70	7～11	6Φ7.1	500	A	100	7～14	11Φ9.0
	AB			6Φ9.0		AB			11Φ10.7
	B			8Φ9.0		B		7～15	11Φ12.6
	C			8Φ10.7		C			13Φ12.6
400	A	95	7～12	7Φ9.0	500	A	125	7～14	12Φ9.0
	AB			7Φ10.7		AB			12Φ10.7
	B		7～13	10Φ10.7		B		7～15	12Φ12.6
	C			13Φ10.7		C			15Φ12.6

（续上表）

外径 （mm）	型号	壁厚 （mm）	长度 （m）	预应力 配筋	外径 （mm）	型号	壁厚 （mm）	长度 （m）	预应力 配筋
	PC、PHC	PC、PHC				PC、PHC	PC、PHC		
600	A	110	7～15	14Φ9.0	800	A	130	7～30	16Φ10.7
	AB			14Φ10.7		AB			16Φ12.6
	B			14Φ12.6		B			32Φ10.7
	C			17Φ12.6		C			32Φ12.6
	A	130	7～15	16Φ9.0	1000	A	130	7～30	32Φ9.0
	AB			16Φ10.7		AB			32Φ10.7
	B			16Φ12.6		B			32Φ12.6
	C			20Φ12.6		C			32Φ14.0
700	A	110	7～15	12Φ10.7	1200	A	150	7～30	30Φ10.7
	AB			24Φ9.0		AB			30Φ12.6
	B			24Φ10.7		B			45Φ12.6
	C			24Φ12.6		C			45Φ14.0
	A	130	7～15	13Φ10.7	1300	A	150	7～30	24Φ12.6
	AB			26Φ9.0		AB			48Φ10.7
	B			26Φ10.7		B			48Φ12.6
	C			26Φ12.6		C			48Φ14.0
800	A	110	7～30	15Φ10.7	1400	A	150	7～30	25Φ12.6
	AB			15Φ12.6		AB			50Φ10.7
	B			30Φ10.7		B			50Φ12.6
	C			30Φ12.6		C			50Φ14.0

注：根据供需双方协议，也可生产其他规格、型号、长度的管桩。

第四章　管桩的技术要求

4.1　混凝土抗压强度

预应力混凝土管桩（PC）混凝土强度等级不得低于 C60，预应力高强混凝土管桩（PHC）混凝土强度等级不得低于 C80。

拆模强度：预应力钢筋放张时，管桩的混凝土抗压强度不得低于 45 MPa。

产品出厂时，管桩用混凝土抗压强度不得低于其混凝土设计强度等级值。

4.2　混凝土有效预压应力值

4.2.1　混凝土有效预压应力规定值

混凝土有效预压应力见表 4－1。

表 4－1　管桩各级别有效预压应力值

型　　号	A 型	AB 型	B 型	C 型
有效预压应力值（N/mm^2）	4.0	6.0	8.0	10.0

4.2.2　混凝土有效预压应力的计算

管桩混凝土有效预压应力与混凝土的弹性变形、混凝土的徐变、混凝土的收缩和预应力钢筋的松弛等有关，其计算方法如下。

1. 预应力放张后预应力钢筋的拉应力 σ_{pt}（N/mm^2）

$$\sigma_{pt} = \frac{\sigma_{con}}{1 + n' \cdot \dfrac{A_p}{A_c}}$$

式中：σ_{con}——预应力钢筋的初始张拉应力，994（N/mm^2）；

A_p——预应力钢筋的横截面积（mm^2）；

A_c——管桩混凝土的横截面积（mm^2）；

n'——预应力钢筋的弹性模量与放张时混凝土的弹性模量之比。

2. 混凝土的徐变及混凝土的收缩引起的预应力钢筋拉应力损失 $\Delta\sigma_{p\Psi}$（N/mm^2）

$$\Delta\sigma_{p\Psi} = \frac{n \cdot \Psi \cdot \sigma_{cpt} + E_p \cdot \delta_s}{1 + n \cdot \dfrac{\sigma_{cpt}}{\sigma_{pt}} \cdot \left(1 + \dfrac{\Psi}{2}\right)}$$

式中：σ_{cpt}——放张后混凝土的预压应力（N/mm^2）；

$$\sigma_{cpt} = \frac{\sigma_{pt} \cdot A_p}{A_c}$$

n——预应力钢筋的弹性模量与管桩混凝土的弹性模量之比；

Ψ——混凝土的徐变系数，取 2.0；

δ_s——混凝土的收缩率，取 1.5×10^{-4}；

E_p——预应力钢筋的弹性模量（N/mm^2）。

3. 预应力钢筋因松弛引起的拉应力的损失 $\Delta\sigma_r$（N/mm^2）

$$\Delta\sigma_r = r_0 \cdot (\sigma_{pt} - 2\Delta\sigma_{p\Psi})$$

式中：r_0——预应力钢筋的松弛系数，取 2.5%。

4. 预应力钢筋的有效拉应力 σ_{pe}（N/mm^2）

$$\sigma_{pe} = \sigma_{pt} - \Delta\sigma_{p\Psi} - \Delta\sigma_r$$

5. 管桩混凝土的有效预压应力计算公式

管桩混凝土的有效预压应力 σ_{ce}（N/mm^2）

$$\sigma_{ce} = \frac{\sigma_{pe} \cdot A_p}{A_c}$$

4.3　混凝土保护层

外径300 mm 管桩预应力钢筋的混凝土保护层厚度不得小于 25 mm，其余规格保护层厚度不得小于 40 mm。

第五章　管桩的力学性能

5.1　管桩的抗弯性能

5.1.1　型式检验

抗弯试验加载方法见图5-1。

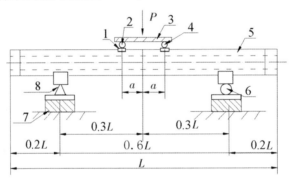

注：1—U形垫板；2—分配梁固定铰支座；3—分配梁；4—分配梁滚动铰支座；5—管桩；6—滚动铰支座；7—支座；8—固定铰支座。

图5-1　管桩的抗弯试验示意

1. 垂直向下加载计算公式

垂直向下加载计算公式见式（5-1）：

$$M = \frac{P}{4}\left(\frac{3}{5}L - 2a\right) + \frac{1}{40}WL \quad\cdots\cdots\cdots\cdots\cdots\cdots\cdots (5-1)$$

式中：M——抗弯弯矩（kN·m）；

　　　W——管桩重量（kN）；

　　　L——管桩长度（m）；

　　　P——荷载（垂直加载时，应考虑加载设备的重量）（kN）；

　　　a——1/2 的加荷跨距（m）。

◆ 外径小于1200 mm且单节桩长不大于15 m时，*a*等于0.5 m。

2. 垂直向上加载计算公式

垂直向上加载计算公式见式（5-2）：

$$M = \frac{P}{4}\left(\frac{3}{5}L - 2a\right) - \frac{1}{40}WL \quad\cdots\cdots\cdots\cdots\cdots (5-2)$$

3. 抗裂荷载和极限荷载的确定

在加载过程中，第一次出现裂缝时，应取前一级荷载值作为抗裂荷载实测值。

极限弯矩计算条件：①受拉区混凝土裂缝宽度达到1.5 mm；②受拉钢筋被拉断；③受压区混凝土破坏。在规定的荷载持续时间结束后，出现以上情况之一，应取此时的荷载值为极限荷载实测值。

5.1.2 管桩抗弯性能指标

各种规格管桩的抗弯性能见表5-1。

表5-1 各种规格管桩抗裂弯矩及极限弯矩

外径（mm）	型号	壁厚（mm）	抗裂弯矩（kN·m）	极限弯矩（kN·m）	外径（mm）	型号	壁厚（mm）	抗裂弯矩（kN·m）	极限弯矩（kN·m）
300	A	70	25	37	500	A	100	103	155
	AB		30	50		AB		125	210
	B		34	62		B		147	265
	C		39	79		C		167	334
400	A	95	54	81		A	125	111	167
	AB		64	106		AB		136	226
	B		74	132		B		160	285
	C		88	176		C		180	360

（续上表）

外径 （mm）	型号	壁厚 （mm）	抗裂弯矩 （kN·m）	极限弯矩 （kN·m）	外径 （mm）	型号	壁厚 （mm）	抗裂弯矩 （kN·m）	极限弯矩 （kN·m）
600	A	110	167	250	900	A	130	408	612
	AB		206	346		AB		484	811
	B		245	441		B		560	1010
	C		285	569		C		663	1326
	A	130	180	270	1000	A	130	736	1104
	AB		223	374		AB		883	1457
	B		265	477		B		1030	1854
	C		307	615		C		1177	2354
700	A	110	265	397	1200	A	150	1177	1766
	AB		319	534		AB		1412	2330
	B		373	671		B		1668	3002
	C		441	883		C		1962	3924
	A	130	275	413	1300	A	150	1334	2000
	AB		332	556		AB		1670	2760
	B		388	698		B		2060	3710
	C		459	918		C		2190	4380
800	A	110	392	589	1400	A	150	1524	2286
	AB		471	771		AB		1940	3200
	B		540	971		B		2324	4190
	C		638	1275		C		2530	5060

5.2 管桩竖向承载力计算

5.2.1 轴心受压承载力设计值

桩身轴心受压承载力设计计算公式见式（5-3）：

$$R_p \leq \Psi_c \times f_c \times A \quad\cdots\cdots\cdots\cdots\cdots (5-3)$$

式中：R_p——轴心压力设计值；

　　　　Ψ_c——考虑沉桩工艺影响及混凝土残余预压应力影响而取的综合折减系数，取 0.7；

　　　　A——管桩截面面积（mm^2）；

　　　　f_c——混凝土抗压强度设计值。C80 混凝土设计值取 35.9 N/mm^2。

以 $\Phi500-125$ 桩为例计算：外径 500 mm，壁厚 125 mm，即内径 250 mm，空心圆截面积，圆周率取 3.1415926。设计值 $R_p \leqslant 0.7 \times 35.9 \times 147262 \approx 3700694$ N ≈ 3701 kN。

5.2.2　单桩竖向承载力的极限值

管桩的承载力由端承力和摩阻力的和构成，摩阻力由地质条件和地基土的摩擦系数决定。通过地质勘察，确定地基土的摩阻系数，从而计算得出管桩的特征值。

单桩竖向承载力的极限值等于特征值的 2 倍，即 $Q_{uk} = 2R_a$。

在管桩使用过程中，设计师也经常使用经验公式，设计值等于特征值的 1.35 倍，即：

$$R_p = 1.35R_a$$

5.2.3　单桩竖向承载力的特征值

在管桩施工过程中，也可以根据管桩的抗压强度与有效预压应力，来确定特征值，即：

$$R_a = 1/4 \times (\sigma_u - \sigma_{ce}) \times A$$

式中：σ_u——管桩混凝土设计强度；

　　　　σ_{ce}——管桩有效预压应力；

　　　　A——管桩截面积。

以 $\Phi500-125AB$ 桩为例计算，管桩混凝土设计强度 80 MPa，管桩有效预压应力值 6.0 MPa，管桩截面积 147262 mm^2，则 $R_a = 1/4 \times (80-6.0) \times 147262 = 2724$ kN。

第六章 管 桩 应 用

6.1 应用设计

（1）管桩的选用，应根据工程地质情况、建设区域抗震设防烈度、上部结构特点、荷载大小及性质、施工条件、沉桩形式等因素，与施工厂家及施工单位经综合分析后选用相应类型的管桩。

（2）对于承载较大水平荷载的管桩、抗震设防区位于液化土层范围内的管桩，设计师应根据相关规范，对管桩箍筋的直径、螺距、加密区长度等做出相应调整。

（3）对于由多节管桩拼接的单根桩位，设计师可根据水平力和竖向力的大小，采用上一节桩级别高于下一节桩的配桩设计。

（4）在全摩擦桩设计时，长径比不宜大于 100（比如：400 mm桩，配桩总长度不应该超过 40 m）；在用于端承桩时，单根桩位长径比不宜大于 80；当管桩需要穿越厚度较大的软土层或者可液化土层时，必须考虑负摩阻力影响。

（5）对于有抗拔要求的管桩，设计师可对管桩生产提出特殊要求，比如：端部增加锚固筋，端板加厚，增加焊接坡口深度，等等。

6.2 管桩的选用

（1）若工程地质条件比较复杂、桩基设计等级为甲级的基础工程，宜选用 AB 型或 B 型甚至是 C 型管桩。

（2）对于抗震烈度 7 级或者 8 级的地区，宜选用 AB 型或 B 型甚至是 C 型管桩，且所选桩型的各项力学指标应满足设计要求及有关规范的规定。

（3）当地下水或者地基土对混凝土、钢筋和钢零部件有腐蚀作用时，宜选用 AB 型或 B 型甚至是 C 型管桩，同时按规定采取有效的防腐措施（包括桩接头应位于无氧层内等），不得选用外径 300 mm 管桩。

（4）对于抗拔桩（受拉）或者主要承受水平荷载的管桩基础工程，宜选用 AB 型或 B 型、C 型管桩。外径 300 mm 管桩不能用于抗拔和抗剪地质要求，只适用于建筑环境类别二 a 场地。

6.3　管桩的施工

6.3.1　管桩强度要求

管桩桩身混凝土强度必须满足龄期和设计强度方可沉桩。一般有压蒸工艺生产，龄期要满足 1 d；免压蒸工艺生产，龄期至少大于 3 d；对于常压自然养护（双免），龄期需要达到 28 d 在自然温度较高、环境湿度较大（保持淋水状态）时，龄期 7 d 也可以达到出厂强度。

6.3.2　管桩的验收

按国标 GB 13476—2009 中管桩的外观尺寸允许偏差进行现场验收，验收合格的桩才能投入使用。

6.3.3　沉桩

根据设计要求、工程勘察报告、工地周边环境等条件来确定沉桩机械。一般分为锤击和静压两种沉桩形式。

1. 锤击预应力管桩使用范围

一般适用于各种黏性土、粉土，当需要穿透夹砂层或含砾、卵石较多的硬夹层时，采用锤击效果更佳。

2．静压预应力管桩适用范围

适用于软土、填土、一般黏性土、粉土，尤其适用于居民稠密、危房附近及环境要求严格的地区。其持力层适用于硬塑或坚硬黏土层、中密或密实碎土层、沙土、全风化岩层、强风化层。但不宜用于地下有孤石、障碍物或厚度大于 2 m 的中密以上砂夹层。

3．锤击与静压桩施工优缺点

锤击与静压桩施工优缺点见表 6-1。锤击施工现场和静压施工现场见图 6-1、图 6-2。

表 6-1　锤击与静压桩施工优缺点

施工形式	优　　　点	缺　　　点
锤击	施工灵活，进退场容易，施工速度快，操作方便，穿透性好	噪音大，油烟易造成环境污染，操作不当容易烂桩头或桩身出现裂缝，施工质量受人为因素影响大
静压	1）施工时桩的承载力具有可视性和可控性，油压表显示的压力值即代表桩的压桩力 2）每根桩都要满足终压条件后才可以停止施压，相当于每根桩做了静载试验 3）成桩质量好，压桩速度快 4）无噪音、振动等环境污染	1）静压桩机体积比较大，配重砝码多，进退场运输吨位大，费用高 2）对场地承载力要求高，回填成本大 3）挤土作用明显，易陷机，影响施工进度，还可能挤断已施工完成的桩位

图 6-1　锤击施工现场

图 6-2　静压桩施工现场

6.3.3.1　锤击施工

锤击沉桩机械有柴油锤和液压锤两种。

（1）锤击应力公式（日本建筑标准施工法则经验公式）：

$$R_a = F / (5S_1 + 0.1)$$

$$F = 2W \times H$$

式中：R_a——管桩设计承载力特征值（kN）；

　　　F——锤击能量（kN·m）；

　　　W——锤头自重（t）；

　　　H——锤头跳锤高度（m）；

　　　S_1——最后贯入度（cm）。

以最后十击，桩下沉深度为准，计算出一击下沉深度为 $S_1 = S/10$（m）。

计算举例：Φ500-125 桩施工现场，采用柴油锤型号为 60#，跳锤高度（冲程）2.3 m，最后贯入度控制在 3 cm。

计算得出：$R_a = 2 \times 6 \times 2.3 / (5 \times 0.003 + 0.1) = 240$ t $= 2352$ kN（注：1 t = 9.8 kN）。

经查表，Φ500-125 桩设计承载力为 3701 kN，极限承载力特征值为 2700 kN，所以可判定，采用 60# 锤，跳锤高度选择 2.3 m，在管桩混凝土强度达到 C80 要求时，施打是安全的。

（2）锤击总数控制，在合理选锤的情况下，任一单桩的总锤击数，不宜超过 2500 锤（PHC 桩）；如果是 PC 桩，则不宜超过 2000 锤。最后一米的锤击数也有要求：PHC 桩不宜超过 300 锤，PC 桩不宜超过 250 锤。

（3）终止锤击条件，采取标高和贯入度双控法，当桩端位于一般土层时，应以控制桩端设计标高为主，以贯入度为辅；当桩端已达到持力层时，应以最后贯入度控制为主，桩端标高为辅。最后贯入度是指：最后十击桩入土深度，一般不宜小于 2 cm。

6.3.3.2　静压施工

靠静压机砝码配重对桩施加压力，分为顶压式和抱压式两种施工法。

采用顶压式施工时，桩帽或送桩器与桩之间加设弹性衬垫；采用抱压式施工时，夹具应避开桩身两侧合缝位置，桩身允许抱压压力宜根据工程设计经验确定。

终压条件：

（1）应根据现场试压桩的试验结果确定终压力标准。

（2）终压连续复压次数应根据桩长及地质条件等因素确定，对于入土深度大于或等于 8 m 的桩，复压次数可为 2 ～ 3 次；对于入土深度小于 8 m 的桩，复压次数可为 3 ～ 5 次。

（3）稳压压桩力不得小于终压力，稳压压桩时间宜为 5 ～ 10 s。

6.3.3.3　管桩拼接

在桩长不够的情况下，应进行接桩，接桩前需处理干净接头表面，上下节之间焊牢。焊接宜在桩四周对称进行，焊接宜分为 3 层，焊缝应饱满、连续。接头连接强度应不小于管桩桩身强度。工程中尽量减少接桩，单一桩位最多允许 4 节桩拼接、3 个接头。

上、下节桩焊接形式见图 6 - 3。

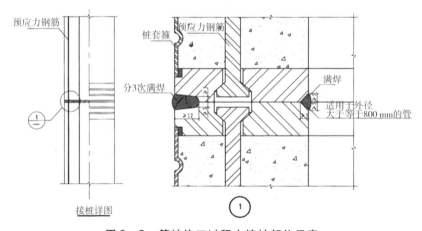

图 6 - 3　管桩施工过程中接桩部位示意

6.4 管桩静载试验

在管桩大面积施工前，根据承载力设计，先进行试桩，并检验极限承载力。

在测试方法上，我国大部分检测规范（规定）制定的都是"慢速维持荷载法"，见图 6-4 和图 6-5。具体做法是按一定要求将荷载分级加到桩上，在桩下沉未达到某一规定的相对稳定标准前，该级荷载维持不变。当达到稳定标准时，继续加下一级荷载；当达到规定的终止试验条件时，终止加载；然后，再分级卸载到零。试验周期一般为 3～7 d。

图 6-4 加载法   图 6-5 反力法

试验步骤：

（1）每级荷载加载后维持 1 h，按 5 min、10 min、15 min、30 min、45 min、60 min 测读桩顶沉降量，即可施加下一级荷载；对于最后一级荷载，加载后沉降测读方法及稳定标准按慢速荷载法执行。

（2）卸载时每级荷载维持 15 min，测读时间为第 5 min、15 min，即可卸下一级荷载。卸载至零后应测读稳定的残余沉降量，维持时间为 2 h，测读时间为 5 min、15 min、30 min，以后每隔 30 min测读一次。

6.5 承台制作

6.5.1 基坑开挖

对于饱和黏性土、粉土地区，基坑的开挖宜在打桩全部完成15 d后进行。

挖土宜分层均匀进行，且桩周围土体高差不宜大于1 m，开挖的土方不得堆积在基础周围，应及时外运。软土地基中，管桩施工后的开挖应采取有效措施，防止出现管桩桩基移位、倾斜和管桩桩身开裂等现象。

机械开挖时应小心操作，不得碰及桩身，挖到离桩顶标高0.4 m以上，宜改用人工挖除桩顶余土，以保证管桩不受破坏。

6.5.2 承台形式

管桩在施工时，根据承载重量以及所选桩型来决定布桩形式。具体可分为单桩台、双桩台、三角桩、梅花桩等多种形式。见图6－6、图6－7。

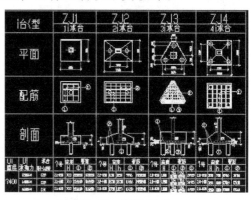

图6－6 布桩形式

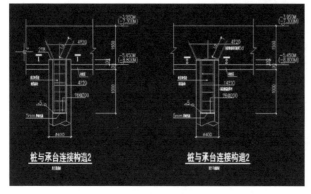

图6－7 管桩端部与承台的连接构造

第七章　预制混凝土衬砌管片技术要求

7.1　管片的定义

管片是隧道预制衬砌环的基本单元，其中以钢筋、混凝土为主要原材料制成的管片称为预制混凝土衬砌管片。

7.2　管片的分类

（1）管片按拼装成环后的隧道线型分为：①直线段管片（Z）；②曲线段管片（Q）；③通用管片（T）。

（2）根据隧道的直径大小，管片块数可分为 4～13 块。

（3）按照管片在环内的拼装位置，分别称标准块（B）、临接块（L1、L2）、封闭块（F）。

7.3　管片的形状与规格

7.3.1　管片形状

隧道的断面形状可分为圆形（Y）、椭圆形（TY）、矩形（J）、双圆形（SY）。

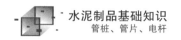
7.3.2 管片规格

管片规格见表7-1。

表7-1 管片基本外形尺寸　　　　　单位：mm

内径×宽度×厚度	内径×宽度×厚度	内径×宽度×厚度	内径×宽度×厚度
2440×1000×250	5400×1500×300	6000×1500×350	12000×2000×600
3000×1000×250	5500×1200×350	7700×1500×400	12200×2200×550
3000×1000×300	5500×1500×350	9500×2000×500	12800×2000×600
3500×1200×250	5900×1200×300	10350×2000×500	13300×2000×600
5400×1000×300	5900×1200×350	12000×1500×500	13700×2000×650
5400×1200×300	5900×1500×300	12000×1800×550	—

7.3.3 标记

（1）YZ6-5500×1200×350-B、GB/T 22082—2017。

含义：圆形隧道、直线段管片、6块、内径5500 mm、宽度1200 mm、厚度350 mm、标准块。

（2）YT6-5400×1200×300-F、GB/T 22082—2017。

含义：圆形隧道、通用管片、6块、内径5400 mm、宽度1200 mm、厚度300 mm、封闭块。

7.4 原材料

7.4.1 水泥

宜采用强度不低于42.5的硅酸盐水泥或普通硅酸盐水泥，其性能应符合 GB 175 的规定。水泥碱含量（等效 Na_2O）均不大于 0.6%，不同厂商、不同品种和不同等级的水泥不得混用。

7.4.2 集料

（1）细集料宜采用非碱性中粗砂，细度模数为 2.3 ～ 3.3，含泥量不大于 2%，泥块含量不大于 1%，硫化物和硫酸盐含量小于等于 1%，氯离子含量小于等于 0.06%，人工砂总压碎指标应小于 30%，其他质量应符合 JGJ 52—2017 的规定。

（2）粗集料宜采用非碱性碎石或破碎卵石，颗粒级配为 5 ～ 25 mm，其最大粒径不宜大于 31.5 mm 且不应大于钢筋骨架最小净间距的 3/4，针片状含量不大于 15%，含泥量不大于 1%，硫化物和硫酸盐含量小于等于 1%，其他质量应符合 JGJ 52—2017 的规定。

7.4.3 外加剂

外加剂宜选用高性能聚羧酸减水剂，质量符合 GB 8076—2018 规定。严禁使用氯盐类外加剂或其他对钢筋有腐蚀作用的外加剂，混凝土外加剂的应用应符合 GB 50119 的规定。

红墙公司针对管片混凝土的特殊要求，开发出专用聚羧酸减水剂，以满足管片自动化生产线对混凝土工作性（低黏度）、凝结时间（≤2 h）、抹面要求（60 min 可精抹）、拆模强度（＞25 MPa）等特殊需求。该产品获得中国混凝土与水泥制品协会技术创新二等奖，见图 7 - 1。

图 7 - 1　获奖材料

7.4.4　掺合料

7.4.4.1　粉煤灰

要求使用不低于Ⅱ级技术要求的粉煤灰。粉煤灰的性能应符合 GB/T 1596 的规定。

7.4.4.2　矿渣粉

要求使用不低于 S95 级技术要求的矿渣粉，各项性能符合 GB/T 18046 的规定。

7.4.5 钢筋

直径小于或等于 10 mm 时，宜采用低碳热轧圆盘条（HPB235，Ⅰ级钢），其性能应符合 GB/T 701 规定；直径大于 10 mm 时，宜采用热轧螺纹钢筋（HRB335 级，Ⅱ级钢），其性能应符合 GB 1499.2 的规定；焊条采用 E43 和 E50。

钢筋加工和钢筋骨架制作按 JC/T 2030 的规定执行。

7.4.6 纤维

7.4.6.1 钢纤维

若采用钢纤维混凝土，需符合《钢纤维混凝土》（JG/T 3064）的标准要求。

7.4.6.2 合成纤维

若采用合成纤维混凝土，需符合《水泥混凝土和砂浆用合成纤维》（GB/T 21120）的标准要求。

第八章　预制混凝土衬砌管片的生产

8.1　生产工艺流程设计

预制混凝土衬砌管片的生产工艺流程见图 8 - 1。

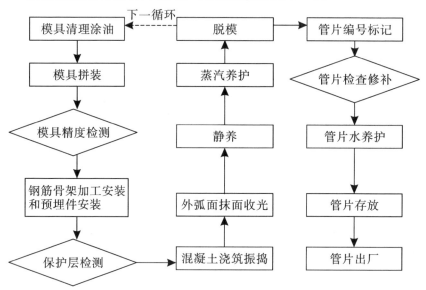

图 8 - 1　预制混凝土衬砌管片生产工艺流程

8.2　钢筋骨架制作

（1）钢筋骨架应在靠模上焊接而成，采用 CO_2 保护焊点焊，保证焊接点牢固，要求至少隔点点焊。

（2）钢筋骨架内主筋对焊，焊接点数量不应超过 2 个，对焊焊接点的位置应在弧面钢筋层上且不在连接面，其他焊接质量还应符合《混凝土结构工程施工质量验收规范》（GB 50204—2015）的规定。

（3）钢筋骨架制作偏差要求见表8-1。

表8-1　钢筋骨架制作偏差要求

序号	项　　目	允许偏差（mm）
1	主筋间距	±10
2	箍筋间距	±10
3	分布筋间距	±5
4	骨架长、宽、高	+5/-10

8.3　混凝土制备

8.3.1　混凝土强度等级

要求不低于 C50，抗渗等级应符合工程设计要求，一般不低于 P12，混凝土耐久性设计应符合 GB 50010 的有关规定。

8.3.2　混凝土配合比设计（举例）

混凝土配合比设计见表8-2。

表8-2　混凝土配合比例设计

单位：kg

W	C	F	K	S	$G_{0.5}$	G_{1-2}	A
150	345	45	80	675	575	575	4.70

注：水胶比 0.30，砂率 37%，外加剂掺量 1%，混凝土坍落度 70～100 mm。

8.3.3　脱模强度要求

当采用吸盘起片时应不低于 15 MPa，当采用其他方式脱模时应不低于 20 MPa。

8.3.4 混凝土试块制作

每天拌制的同配合比的混凝土，取样不得少于1次，每次至少成型3组。试件与管片同条件养护后，一组试件检验脱模强度，一组试件检验出厂强度，另一组脱模后再标准养护，用于检验评定混凝土28 d强度。

8.4 管片制作

8.4.1 模具清理涂油

模具清理：按照先内后外、先中间后两边的顺序，将模具内外围和底部混凝土残留物清理干净。检查模具外围密封圈是否清洁好、安装是否正确。模具清理时采用钢丝球对模具内腔棱角部位灰浆进行打磨。用压缩空气等将钢模内外表面清理干净，以免影响模具拼装精度。管片磨具结构见图8-2。

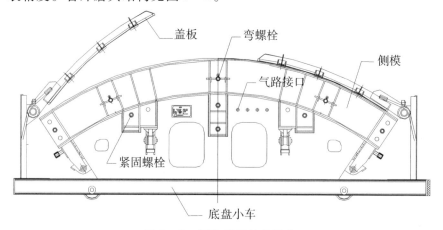

图8-2 管片磨具结构示意

模具涂油：要求薄而均匀、无集油和淌油现象，特别注意模板拐角、棱角处不能漏涂。脱模剂涂刷时采用质地柔软、吸水性强的棉布或棉纱，涂抹均匀、不漏涂。涂刷完后应有专人检查模具拐角、棱角、手孔盒处脱模剂是否有漏涂现象，若有应补涂。

检查钢模所有的定位、螺栓连接、紧固、转动部位的润滑。紧固螺栓、定位机构、弯螺栓每周都需要加注油脂，否则会影响模具的开合，降低工作效率，影响模具使用寿命。端模与底模、端模与侧模、侧模与底模接触部位也要定期涂油，不能出现干涩现象。

8.4.2　模具拼装

按先端头模板、后纵向模板的顺序合模，关闭两个纵向模板应首先抽出侧上边的所有螺栓，防止卡碰导致模板扭曲，拼装标准：模板拐角拼缝处严密、无缝隙。合模时应注意检查拼缝部位是否粘有杂物，及时清理，保证模具拼装精度。模具螺栓拧紧时采用力矩扳手，控制在 300 N·m。合模后模具进行精度检测，采用内径千分尺检测钢模宽度，合格后进入下一工序。

8.4.3　钢筋骨架安装

安装钢筋骨架时，应确保钢筋不得与模板磕碰。安装模具弯螺栓时应涂上脱模剂，且检查密封圈确保良好。检查钢筋骨架保护层，安装预埋件，合格后方可盖上模具盖板。安装弯芯棒时应打紧、打严，检查弯芯棒后面紧固装置是否顶紧，避免浇筑振捣时弯芯棒脱位，弯螺栓孔变形。

骨架保护层检测：钢筋骨架入模后，检查保护层定位卡，保证保护层厚度。

8.4.4　混凝土浇筑

混凝土应连续浇筑成型，根据生产条件选择适当的振捣方式，振捣时间以混凝土表面停止沉落或沉落不明显、混凝土表面气泡不再显著发生、混凝土将模具边角部位充实，表面有灰浆泛出时为宜。

混凝土运输、浇筑期间，必须保证混凝土具有良好的流动性。

8.4.5 外弧面收面抹光

全部振捣成型后，视气温及混凝土凝结情况，大约 10 min 后拆除盖板，进行抹面。抹面分粗、中、精 3 个工序：

（1）粗抹面（收水）：使用高强钢板刮尺，刮平去掉多余混凝土，并用木抹子进行粗抹。

（2）中抹面：用手去感觉混凝土表面（夏季在初抹后 10 ～ 20 min、冬季在初抹后 25 ～ 35 min），待混凝土收水后用钢抹子进行抹面，使管片外弧面平整、光滑。

（3）精抹面：在混凝土初凝前，一般在中抹后 20 min，进行再次压面，力求表面光亮无抹子印，管片外弧面平整度的误差值不大于 ±2 mm。

8.4.6 养护

静养：精抹完成后，待混凝土表面不粘手，即覆盖塑料薄膜，防止外弧面失水过快产生收缩裂缝。

蒸养：升温速度不得超过 15 ℃/h，最高温度不超过 55 ℃；恒温 2 h 以上，相对湿度不小于 90%，恒温时间根据季节变化做相应调整；降温速度不超过 20 ℃/h，并匀速降温至与室温差不超过 15 ℃。管片在未脱模前，塑料薄膜不揭开。地模采用自然养护。

8.4.7 脱模（起片）

管片在同条件养护试件强度达到 40% 方可拆模。真空吸盘起片，拆模强度要求不低于 15 MPa，其他方式起片，脱模强度要求不低于 20 MPa。脱模应注意事项：

（1）先拆端头模板，再拆卸侧板，在脱模时严禁硬撬硬敲，以免损坏管片及钢模。

（2）起吊的管片应在专用的翻转架上翻身，呈侧立状态。

（3）管片在翻身后拆除注浆孔模芯，并清除管片外露铁件表面的砂浆，拆除时应按规定进行，不得硬撬硬敲，以防止损坏模芯。

8.4.8　外观检验、修补

管片外观质量要求见表8－3。

表8－3　检验方法及合格品判定

序号	项　目	质　量　要　求
1	贯穿裂缝	不允许
2	拼接面裂缝	拼接面方向长度不超过密封槽且宽度小于0.20 mm
3	非贯穿裂缝	内表面不允许，外表面裂缝宽度不超过0.20 mm
4	内、外表面露筋	不允许
5	孔洞	不允许
6	麻面、黏皮、蜂窝	表面麻面、黏皮、蜂窝总面积不大于表面积的5% 允许修补
7	疏松、夹渣	不允许
8	缺棱掉角、飞边	不应有、允许修补
9	环、纵向螺栓孔	畅通、内圆面平整，不得有塌孔

管片损坏、质量有缺陷时，应及时进行修补。对深度大于2 mm、直径大于3 mm的气泡、水泡孔和宽度不大于0.2 mm的表面干缩裂纹修补后，应打磨平整。破损深度不大于20 mm、宽度不大于10 mm，用环氧树脂砂浆修补打磨处理。管片修补时，修补材料的抗拉强度和抗压强度均不低于管片设计强度。

8.4.9　水养

管片在水池中堆放排列整齐，并搁置在软质材料的垫条上，垫条厚度一致，每片管片下设3个支点（3根垫条）。管片整体沉浸在

水面下，常规水养一般为 7 ～ 14 d。

除水养外，也可采取喷淋养护或喷养护剂进行养护。

8.4.10 管片堆放

在管片内弧面标明管片型号、生产日期。管片堆放排列对应整齐，并搁置在柔性垫条上，垫条厚度要一致，搁置部位与环向弯螺栓位置对应。每块下放置 3 根垫条，垫条采用 100 mm × 100 mm 方木。管片堆场应坚实平整，管片应整齐堆放，侧立状态堆放高度不超过 3 层。管片在场内应小心搬运及堆放，由此引发的内应力不超过混凝土抗压强度的 1/3。

第九章　管片的型式检验

9.1　尺寸偏差

管片的尺寸允许偏差见表9-1。

表9-1　尺寸允许偏差　　　　　　　　单位：mm

序　　号	项　　　　目	允　许　偏　差
1	宽度	±1
2	厚度	+3／-1
3	钢筋保护层厚度	±5

9.2　水平拼装

管片水平拼装属型式检验。

管片水平拼装是体现对生产过程管片模具进行整体检验的一项重要环节，管片水平拼装试验，应在坚实的平地上进行，拼装时不应加衬垫。可采用2环拼装或3环拼装，通用衬砌管片宜按2环拼装进行检验。内径6 m以下的非通用衬砌管片宜按3环水平拼装，见图9-1。

管片试生产后必须经过3环拼装，检验合格确认后方可投入正式生产。投入正式生产后每200环中任意抽取3环进行水平拼装。水平拼装尺寸允许偏差见表9-2。

图 9-1 3 环拼装

表 9-2 水平拼装尺寸允许偏差   单位：mm

序　号	项　　目	允 许 偏 差
1	环向缝间隙	≤2
2	纵向缝间隙	≤2
3	成环后内径≤6000 mm	±5
4	成环后内径＞6000 mm	±10

9.3 管片检漏试验

管片每生产 1000 环应抽取 1 块管片进行检漏测试，在设计检漏试验压力（0.8 MPa）的条件下，恒压 3 h，不得出现漏水现象，渗水深度不超过 50 mm。检漏试验现场和检漏示意分别见图 9-2 和图 9-3。

图 9-2 检漏试验现场

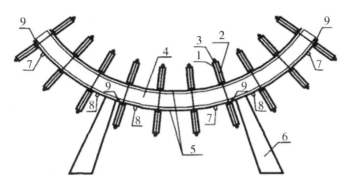

图 9-3 检漏示意

注：1—横压件；2—紧固螺杆；3—螺母；4—管片；5—检验架钢板；6—刚性支座；7—泄压排水孔；8—加压进水孔；9—橡胶密封垫。

9.4 管片抗弯试验

9.4.1 检验频率

抗弯试验是指将试件固定在反力试验架上，以测定裂缝荷载和破坏荷载值，并在荷重下对管片的挠度和水平位移进行测试。每1000环抽检1环，不足1000环按1000环计。抗弯试验装置和抗弯试验示意分别见图9-4和图9-5。

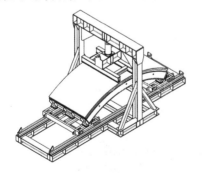

图 9-4 抗弯试验装置

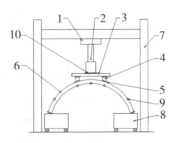

图 9-5 抗弯试验示意

注：1—横梁垫；2—千斤顶；3—分配梁；4—滚动铰支座；5—橡胶；6—管片；7—试压架；8—活动小车；9—百分表；10—传感器。

9.4.2 裂缝荷载

裂缝宽度为 0.20 mm 时的荷载值为裂缝荷载。抗弯性能检验加载值见表 9 - 3。

表 9 - 3 抗弯性能检验加载值

分级加载值	一级	二级	三级	四级	五级	六级	七级
分级加载值/设计荷载值	20%	20%	20%	20%	10%	5%	5%
累计加载值/设计荷载值	20%	40%	60%	80%	90%	95%	100%

9.4.3 破坏荷载

当加荷至测试仪数据不再上升时,以此级荷载值为最终破坏荷载,并记录最大裂缝宽度。

9.5 抗拔性能试验

抗拔试验装置和抗拔试验示意分别见图 9 - 6 和图 9 - 7。

图 9 - 6 抗拔试验装置

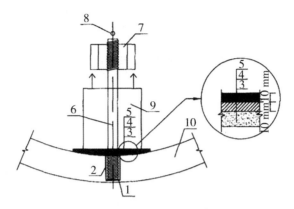

图 9-7　抗拔试验示意

注：1—吊装孔；2—预埋受力构件；3—细砂；4—橡胶垫；5—承压钢板；6—螺杆；7—螺母；8—位移测点；9—穿心式张拉千斤顶；10—管片。

9.5.1　检验频率

每 1000 环抽检 1 环，不足 1000 环按 1000 环计。

9.5.2　最大抗拔力

当位移突然增大、传感器读数不再增加、螺栓周围混凝土破坏时的荷载即为最大抗拔力。

第十章　环形混凝土电杆

10.1　混凝土电杆行业发展现状

根据 2019 年的行业统计，全国混凝土电杆生产企业 1500 多家，其中，通过国家电网公司资格核实的有 926 家。行业总产能为 5000 万根，2019 年实际产量 2500 万根，产能发挥只有约 50%。

10.2　电杆的分类

10.2.1　按不同配筋方式分

1．钢筋混凝土电杆（G）

纵向受力钢筋为普通钢筋的混凝土电杆。

2．预应力混凝土电杆（Y）

纵向受力钢筋为预应力钢筋的混凝土电杆。

3．部分预应力混凝土电杆（BY）

纵向受力钢筋由预应力钢筋和普通钢筋组合而成的混凝土电杆。

10.2.2　按外形分

1．锥形杆（Z）

锥度为 1∶75。锥度：根径与梢径的差与长度的比值。

2．等径杆（D）

没有锥度，壁厚均等。组合杆：锥形杆和等径杆均有整根杆和组合杆之分。

10.2.3 按梢径（或等径直径）分

1．按梢径分

150 mm、190 mm、230 mm、270 mm、310 mm、350 mm、390 mm、430 mm、470 mm、510 mm。

2．按等径直径分

300 mm、350 mm、400 mm、500 mm、550 mm。

10.3 产品标识

举例如下：

1．Z Φ190×12×39×G GB 4623

表达含义：梢径 190 mm，杆长 12 m，开裂检验弯矩为 39 kN·m 的钢筋混凝土锥形杆。

2．D Φ300×6×45×Y GB 4623

表达含义：直径 300 mm，杆长 6 m，开裂检验弯矩为 45 kN·m 的预应力混凝土等径杆。

3．Z Φ190×12×K×BY GB 4623

表达含义：梢径 190 mm，杆长 12 m，开裂检验荷载为 K 级的部分预应力混凝土锥形杆。

10.4 混凝土强度等级

（1）钢筋混凝土电杆不低于 C40，脱模强度不低于设计强度的 60%。

（2）预应力和部分预应力电杆不低于 C50，脱模强度不低于设计强度的 70%。

（3）特殊要求的加强杆，强度等级可达到 C60 或 C70。

混凝土质量控制应符合 GB 50164 的规定，每班制作 3 组跟踪试件，两组与电杆同条件养护，其中，一组压脱模强度，一组压出厂

强度，另一组试件进行标准养护，取龄期 28 d 强度。

10.5　电杆生产工艺

混凝土环形电杆，属离心成型，因此工艺流程与管桩基本相同，区别在于养护和排余浆，电杆只有养护池常压养护，属免压蒸工艺；电杆排余浆是通过打水、压擀方式。

10.6　力学性能

10.6.1　锥形杆试验方法：悬臂式

悬臂式试验装置见图 10 - 1。
弯矩计算公式见式（10 - 1）：

$$M_{ui} = P_{ui} \cdot L_1 \qquad\qquad (10-1)$$

式中：M_{ui}——任一级荷载作用下的弯矩值（kN·m）；

$\quad\quad\ P_{ui}$——任一级荷载加荷值（kN）；

$\quad\quad\ L_1$——荷载点高度（m）。

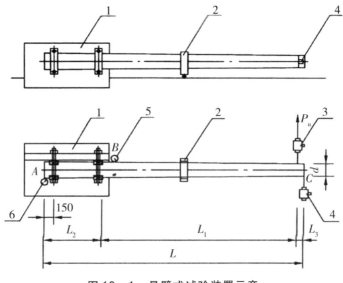

图 10 - 1　悬臂式试验装置示意

注：①1—混凝土（或钢制）台座；2—滚动支座；3—测力传感器；4—挠度传感器；5—B 测点百分表；6—A 测点百分表；A、B—支座（宽150 mm硬木制成的U形垫板）；P_u—荷载；L—杆长。

②U形垫板放置位置；A 支座处于垫板中心线到电杆根端的距离等于150 mm；B 支座处于右端面到电杆根端面的距离等于 L_2。

10.6.2　等径杆试验方法：简支式

简支式试验装置见图 10-2。

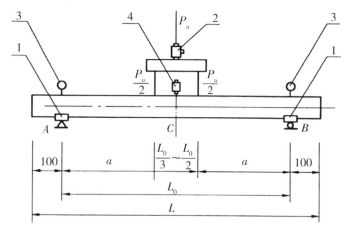

图 10-2　简支式试验装置示意

注：1—宽 150 mm 硬木制成的 U 形垫板；2—测力传感器；3—支座位移百分表；4—挠度传感器；P_u—荷载；L_0—跨距；L—杆长。

弯矩计算公式见式（10-2）：

向下加荷时：

$$M_{ui} = a\ (P_{ui} + Q)\ /\ 2 + qL_0^2 / 8 \quad\cdots\cdots\cdots\cdots\cdots\cdots (10-2)$$

式中：M_{ui}——任何一级荷载作用下的弯矩值，单位为千牛·米（kN·m）；

　　　a——加荷点至支座中心线的距离，单位为米（m）；

　　　P_{ui}——由测力器测得的加荷值，单位为千牛（kN）；

　　　Q——试验设备总重，单位为千牛（kN）；

　　　q——电杆单位长度的自重，单位为千牛/米（kN/m）；

　　　L_0——跨距。

61

10.7　电杆检验

10.7.1　生产检验

电杆的质量缺陷主要包括：①裂缝；②漏浆；③露筋；④塌落；⑤蜂窝；⑥麻面；⑦黏皮；⑧龟纹；⑨水纹。

10.7.2　出厂检验

成品出厂检验项目包括：①混凝土抗压强度；②外观质量；③尺寸偏差；④力学性能（抗裂、裂缝宽度、开裂检验弯矩时的挠度）。

组批规则：同材料、同工艺、同品种、同荷载级别、同规格的电杆，每 2000 根为一批；在 3 个月内生产总数不足 2000 根且不少于 30 根时，也应作为一个受验批。

10.7.3　型式检验

有下列情形之一时，应进行型式检验：

（1）新产品或老产品转厂生产的试制定型鉴定。

（2）正式生产后如产品结构、原材料、生产工艺和管理有较大改变，可能影响产品性能时。

（3）产品长期停产后，恢复生产时。

（4）出厂检验结果与上次型式检验有较大差异时。

（5）当相同产品连续生产 4000 根或在 6 个月内生产总数不足 4000 根时。

（6）国家或地方质量监督检验机构提出进行检验时。

保护层厚度检验：纵向受力钢筋的净混凝土保护层厚度不应小于 15 mm。保护层厚度允许偏差 A 类杆为 +8/−2 mm。

参 考 文 献

［1］中华人民共和国国家质量监督检验检疫总局，中国国家标准化管理委员会. 先张法预应力混凝土管桩：GB 13476—2009［S］. 北京：中国标准出版社，2010.

［2］中华人民共和国住房和城乡建设部. 预应力混凝土管桩：10G409［S］. 北京：中国计划出版社，2010.

［3］中国建筑材料协会标准. 预应力高强混凝土管桩免压蒸生产技术要求：T/CBMF64—2019［S］. 北京：中国建材工业出版社，2019.

［4］中华人民共和国建材行业标准. 蒸养混凝土制品用掺和料：JC/T 2554—2019［S］. 北京：中国建材工业出版社，2020.

［5］中华人民共和国建材行业标准. 先张法预应力混凝土薄壁管桩：JC 888—2001［S］. 北京：中国建材工业出版社，2002.

［6］中华人民共和国建材行业标准. 预制钢筋混凝土方桩：JC 934—2004［S］. 北京：中国建材工业出版社，2005.

［7］中华人民共和国国家标准. 预制混凝土衬砌管片：GB/T 22082—2017［S］. 北京：中国标准出版社，2017.

［8］中华人民共和国国家标准. 环形混凝土电杆：GB 4623—2014［S］. 北京：中国标准出版社，2014.

［9］中华人民共和国国家标准. 装配式混凝土建筑技术标准：GB/T 51231—2016［S］. 北京：中国建筑工业出版社，2017.

［10］中华人民共和国国家标准. 混凝土外加剂：GB 8076—2008［S］. 北京：中国标准出版社，2009.

［11］中华人民共和国国家标准. 混凝土外加剂匀质性试验方法：GB/T 8077—2012［S］. 北京：中国标准出版社，2013.

［12］缪昌文. 高性能混凝土外加剂［M］. 北京：化学工业出

版社，2008.

［13］薛万银. 先张法预应力离心混凝土竹节桩生产试验研究
［J］. 混凝土与水泥制品，2019（9）：29－31.

［14］蒋元海，刘红飞. 预应力混凝土管桩黏皮、麻面的成因及
处理［J］. 混凝土与水泥制品，2013（5）：27－30.

［15］蒋元海，刘红飞. 《预应力高强混凝土管桩免压蒸生产技
术要求》标准解读［J］. 混凝土与水泥制品，2020（1）：78－82.

［16］刘志明，雷春梅. 装配式构件生产线和生产工艺研究
［J］. 混凝土与水泥制品，2018（3）：76－78.

［17］何友林，李龙，等. C105免压蒸管桩混凝土的试验研究
［J］. 混凝土与水泥制品，2013（3）：30－33.

［18］杨凤玲，阎晓波，等. 偏高岭土对混凝土性能影响研究
［J］. 混凝土与水泥制品，2011（5）：4－8.

［19］彭丙杰，马强，等. 地铁管片混凝土用聚羧酸减水剂的配
制技术研究［J］. 混凝土与水泥制品，2017（10）：48－50.

［20］虞君长. 预制混凝土管片生产工艺及质量控制研究［J］.
广东建材，2019（2）：16－19.

后　记

　　我的本职工作是广东红墙新材料股份有限公司（以下简称"红墙公司"）一名技术服务人员，客户对象主要是管桩、管片、装配式预制构件、混凝土电杆、水泥管等水泥制品厂家。由于自己从事管桩、水泥管行业近三十年，多年工作经历积累了一些行业经验和少许心得，故在红墙公司兼职内部培训师。培训课程是零星的，为了使知识点更系统、更全面，故此编纂成册。如果此书能够对同事和行业同仁有所帮助，成为大家需要时查阅的手册，我将深感欣慰。

　　我50岁转行来到红墙公司，但转行没转业，反而因为客服工作的特殊属性，我有机会走遍全国，专访或考察国内外管桩厂200家以上。每家企业都有自己的特点和亮点，我学习到很多，也开阔了视野。一些先进工艺、先进设备，不禁让人眼前一亮，使我对管桩及水泥制品的未来发展更加有信心，这个行业必将成为祖国基础建设的坚强基石，前途无量。

　　如今，混凝土的发展已经离不开外加剂，外加剂已经成为混凝土的第五大组分，甚至被亲切地称为混凝土医生，可见其行业角色的不可或缺和举足轻重。外加剂的发展历史至今尚不足100年，从1935年美国研制出第一个木质磺酸盐减水剂开始，20世纪60年代日本研制成功萘磺酸甲醛聚合物，直到20世纪90年代初日本再次率先研制成功聚羧酸盐高性能减水剂。外加剂从20世纪70年代走进中国至今也才 50 年；直到 2001 年，第三代产品高性能聚羧酸减水剂才取得上海建科院的成果鉴定。近二十年来，聚羧酸减水剂在国内得到突飞猛进的发展。由于外加剂的品种繁多、功能性母液齐全、应用领域更加宽泛，它不再仅仅为了商品混凝土长途输运保塌之需，在水泥制品的制作过程中作用也越发突出，比如：管桩的免压蒸技术，管片的初凝促进技术，装配式预制构件的低温养护技术，等等，都要依靠功能性外加剂来实现。

目前，红墙公司的产品已经广泛用于以上领域，业绩已居全国同行三甲。作为国内唯一以外加剂为主营业务的上市公司，其不断加大研发投资力度，正致力于第四代外加剂研发的伟大事业中，愿意成为行业探索的先行者和垫脚石。本书是在红墙公司创始人、董事长刘连军先生的全力支持和积极策划下得以出版发行，意在为祖国的混凝土事业做出应有的贡献。本书也得益于管桩行业知名专家、东南大学教授严志隆老师的耐心指引。编纂完成后又烦请我的校友和师长、华润水泥控股集团总裁纪友红先生为本书作序。在此，一并表示感谢！

编者 李论

2020 年 11 月 12 日于惠州